BEI GRIN MACHT SICH IHR WISSEN BEZAHLT

- Wir veröffentlichen Ihre Hausarbeit, Bachelor- und Masterarbeit

- Ihr eigenes eBook und Buch - weltweit in allen wichtigen Shops

- Verdienen Sie an jedem Verkauf

Jetzt bei www.GRIN.com hochladen und kostenlos publizieren

Bibliografische Information der Deutschen Nationalbibliothek:

Die Deutsche Bibliothek verzeichnet diese Publikation in der Deutschen National-
bibliografie; detaillierte bibliografische Daten sind im Internet über http://dnb.d-
nb.de/ abrufbar.

Dieses Werk sowie alle darin enthaltenen einzelnen Beiträge und Abbildungen
sind urheberrechtlich geschützt. Jede Verwertung, die nicht ausdrücklich vom
Urheberrechtsschutz zugelassen ist, bedarf der vorherigen Zustimmung des Verla-
ges. Das gilt insbesondere für Vervielfältigungen, Bearbeitungen, Übersetzungen,
Mikroverfilmungen, Auswertungen durch Datenbanken und für die Einspeicherung
und Verarbeitung in elektronische Systeme. Alle Rechte, auch die des auszugsweisen
Nachdrucks, der fotomechanischen Wiedergabe (einschließlich Mikrokopie) sowie
der Auswertung durch Datenbanken oder ähnliche Einrichtungen, vorbehalten.

Impressum:

Copyright © 2006 GRIN Verlag, Open Publishing GmbH
Druck und Bindung: Books on Demand GmbH, Norderstedt Germany
ISBN: 9783640507986

Dieses Buch bei GRIN:

http://www.grin.com/de/e-book/141036/die-neuen-leitbilder-der-raumentwicklung-
an-beispielen-aus-dem-ostdeutschen

Jana Kirchhübel

Die neuen Leitbilder der Raumentwicklung an Beispielen aus dem ostdeutschen Raum

GRIN Verlag

GRIN - Your knowledge has value

Der GRIN Verlag publiziert seit 1998 wissenschaftliche Arbeiten von Studenten, Hochschullehrern und anderen Akademikern als eBook und gedrucktes Buch. Die Verlagswebsite www.grin.com ist die ideale Plattform zur Veröffentlichung von Hausarbeiten, Abschlussarbeiten, wissenschaftlichen Aufsätzen, Dissertationen und Fachbüchern.

Besuchen Sie uns im Internet:

http://www.grin.com/

http://www.facebook.com/grincom

http://www.twitter.com/grin_com

Friedrich-Schiller-Universität Jena

Institut für Geographie

Abteilung Humangeographie

WiSe 2006/2007

HS: Raumentwicklungspolitik in Deutschland

Die neuen Leitbilder der Raumentwicklung

– an Beispielen aus dem Ostdeutschen Raum –

Seminararbeit

vorgelegt von:

Jana Kirchhübel

Studiengang: Germanistik/Geographie (LA Gym)

Semester: 5/5

Abgabedatum: 01.09.2006

Inhalt

---

* Die Gliederungspunkte sind angelehnt an das Thesenpapier der Ministerkonferenz für Raumentwicklung (BMVBS 2006a:III)

Abbildungen

1   EINLEITUNG

In einer Pressemitteilung des Bundesministeriums für Verkehr, Bau und Stadtentwicklung (BMVBS) vom 30. Juni des Jahres 2006, unmittelbar nach der Ministerkonferenz für Raumordnung (MKRO), äußert sich der Vorsitzende Ernst Pfister, zu der jüngst verabschiedeten Konzeption der *„Leitbilder und Handlungsstrategien für die Raumentwicklung in Deutschland"*:

"Sie trennt nicht zwischen starken und schwachen Regionen, trennt nicht zwischen Ost und West oder zwischen Stadt und Land. Vielmehr macht sie sehr deutlich, dass die bestehenden Herausforderungen - trotz aller Entwicklungsunterschiede - nur im Miteinander der Regionen und im Miteinander von Stadt und Land zu bewältigen sein werden" (BMVBS 2006b).

Hiermit bekräftigt er einen Punkt, worin sich das neue und weiterentwickelte Konzept der „Neuen Leitbilder" von seinem Vorläufer, dem *„Raumordnerischen Orientierungsrahmen"* (ORA) des Jahres 1993, unterscheidet. Es geht um eine gesamtdeutsche Konzeption, die von innenpolitischen und wirtschaftlichen Tendenzen beeinflusst ist, aber ebenso auf den überregionalen Beziehungen in einem zusammengewachsenen Europa basiert.

In diesem Kontext haben in den vergangenen 13 Jahren wesentliche Veränderungen stattgefunden, die das heutige Standortbild Deutschlands entscheidend prägen. Jene Veränderungen und die sich daraus neu ergebenden Leitbilder sollen im Folgenden Gegenstand der Betrachtung sein und diskutiert werden. Auch gilt es, Beispiele zu finden, an denen die Leitbilder verdeutlicht werden können. Diese sollen insbesondere dem ostdeutschen Bundesgebiet entnommen werden, da diesem im Allgemeinen eine stärkere Bedürftigkeit der Förderung zugesprochen wird.

Die Beschlüsse des ORA von 1993 sind eine wesentliche Grundvoraussetzung, für das spätere Verständnis der weiterentwickelten Leitbild-Konzeption des Jahres 2006. Somit ist es zunächst von Nöten, diese noch einmal in einer kurzen Zusammenschau aufzugreifen. Danach müssen die Weiterentwicklungen und aktuellen Kontexte in Deutschland ins Blickfeld der Analyse gerückt werden, um schließlich zu klären, was die neuen Leitbilder ausmacht, die im Verlauf mehrerer Jahre in unzähligen Fachtagungen von einem Komitee des BBR (Bundesamtes für Bauwesen und Raumordnung) und anderen Experten entwickelt wurden.

2 VORLÄUFER UND VERÄNDERTE RAHMENBEDINGUNGEN DER RAUMENTWICKLUNG IN DEUTSCHLAND

In diesem zweiten Abschnitt soll es nun darum gehen, ein Grundverständnis für die Entwicklung der neuen „Leitbilder der Raumentwicklung" zu erwerben. Dabei müssen vor allem die veränderten Kontexte der wirtschaftlichen, politischen und gesellschaftlichen Entwicklung untersucht werden.

Die Globalisierung, die man im deutschen Sinne wohl treffender noch als Europäisierung bezeichnen kann, beeinflusst auch die regional bezogenen Debatten zunehmend. Der europäische Kontext kann nicht mehr außen vor gelassen werden.

Auch der demographische Wandel ist im Zusammenhang der veränderten Rahmenbedingungen ein Stichwort von wesentlicher Bedeutung.

Zu guter Letzt muss schließlich auch die Problematik der Nutzung von nichterneuerbaren Ressourcen und deren Alternativlösungen betrachtet werden.

Zunächst soll es jedoch um jene raumordnerischen Beschlüsse gehen, die bereits vor mehr als 10 Jahren gefasst wurden und auf welchen die weiteren Überlegungen aufbauen.

2.1 Der Raumordnerische Orientierungsrahmen (ORA) 1993

Der Raumordnerische Orientierungsrahmen des Jahres 1993 eröffnet dem geneigten Leser ein Konzept von fünf Leitbildern,

    a) „Leitbild Siedlungsstruktur",

    b) „Leitbild Umwelt und Raumnutzung",

    c) „Leitbild Verkehr",

    d) „Leitbild Europa",

    e) sowie „Leitbild Ordnung und Entwicklung" (BMRBS 1993:2).

Sie greifen Probleme und Kontexte des gesamtdeutschen Raumes auf, jedoch unter besonderer Beachtung des „hohen Nachholebedarf[s] in den neuen Ländern" (ebd.:3).

Grundsätzlich sind diese Leitbilder, neben der Aufgabe des Schutzes der „natürliche Lebensgrundlagen" (ebd.), durch das Bestreben gekennzeichnet, die Lebensverhältnisse in allen bundesdeutschen Gebieten gleichwertiger zu gestalten, sowie die „dezentrale Raum- und Siedlungsstruktur" (ebd.) zu erhalten und weiterzuentwickeln.

Die Adressaten der Konzeption sind jene „Entscheidungsträger in Bund und Ländern" (BMRBS 1993:3), die die erarbeiteten Theorieansätze in die Praxis überführen, Investitionen beisteuern und regionale Umsetzungsprogramme in die Wege leiten können (ebd.).

Das Leitbild der Siedlungsstruktur beschreibt unter anderem die Tendenz der zunehmenden räumlichen Verflechtungen in Deutschland, die einhergeht mit dem Ausbau der Infrastruktur, vor allem in den ländlichen Räumen des ostdeutschen Bundesgebietes, sowie die angestrebte Intensivierung der Verflechtungen zum europäischen Ausland (ebd.:5f.). Des Weiteren gilt es, die Stellung von Stadtregionen, die einem hohen Belastungsgrad ausgesetzt sind (unter anderem durch: hohes Verkehrsaufkommen, Luftverschmutzung, Bauland- sowie Wohnungsengpässe, u.v.m.), im „internationalen Wettbewerb" (ebd.:9) zu sichern.

Die Erkenntnisse, die somit für die Siedlungsstruktur erarbeitet wurden, werden nun im zweiten Leitbild auf Umwelt und Raumnutzung angewandt und übertragen. Einen wesentlichen Aspekt bildet dabei der „raumordnungspolitische Ressourcenschutz" (ebd.:13), bei dem es grundlegend um die schonende Behandlung der Nutzungsflächen, beziehungsweise die „nachhaltige Beseitigung von Umweltschäden" (ebd.:15) geht. Dazu wird beispielsweise eine „teilweise Umstellung von intensiver auf extensive Landbewirtschaftung" (ebd.:13), beziehungsweise eine „stärkere Verlagerung [der Gütertransporte] von der Straße auf die Schiene" (ebd.) angestrebt. Auch die Umnutzung von Flächen mit eventuellen Sanierungsbedürfnissen wird in der Konzeption bedacht (ebd.:15).

Im Leitbild Verkehr soll es nun um die Notwendigkeit gehen, das Verkehrsnetz neu zu strukturieren, da es aufgrund der Wiedervereinigung Deutschlands einige Defizite im Bereich der großräumigen Anbindungen in west-östlicher und umgekehrter Richtung auszugleichen gilt (ebd:16). Diese Vorhaben lehnen sich an den Bundesverkehrswegeplan an, der im Jahre 1992 erarbeitet wurde. Ferner müssen jene Pläne bezüglich der neu konzipierten und umstrukturierten Verkehrswege, die zudem eine bessere Verbindung zum europäischen Ausland schaffen sollen, ressourcen- und umweltschonend umgesetzt werden und somit den Bedingungen des vorherigen Leitbildes folgen (ebd.).

Die verbesserte Verkehrsanbindung an die deutschen Nachbarländer – so wird es im Leitbild Europa erfasst – soll vor allem auch für eine grenzüberschreitende europäische Zusammenarbeit von Nutzen sein (BMRBS 1993:19).

Wesentlich ist unter diesem Aspekt besonders die Zusammenarbeit im Bezug auf „Schutz und Sanierung von gemeinsamen Naturpotentialen" (ebd.) Dies betrifft Landschaftsräume wie die Schwarzwald/Vogesen-Region oder auch den Ostseeraum, bei denen die jeweiligen Politiken sowie das Engagement verschiedener Staaten aufeinandertreffen und koordiniert werden müssen (ebd.).

Im letzten Leitbild des ORA 1993 wird der Bereich der Ordnung und Entwicklung aufgegriffen, wobei – neben verschiedenen anderen Schwerpunkten – im Besonderen der Aspekt der Beschaffung von gleichwertigen Lebensverhältnissen herauszugreifen ist. Bei diesem Bemühen handelt es sich allerdings um eine „dynamische Zielrichtung" (ebd.:21), die nicht in allen Bereichen explizit vom Staat gesichert werden kann (ebd.). Auch können nicht alle Regionen untereinander auf diese Weise verglichen werden, da sich jede Region durch ihre individuellen Besonderheiten kennzeichnet, die nicht auf andere Regionen zu übertragen sind. Somit stellt die „Gleichwertigkeit der Lebensverhältnisse" einen Faktor dar, der individuell angepasst werden muss.

Zusammenfassend kann man also noch einmal festhalten, dass bereits im ORA des Jahres 1993 wesentliche Aspekte der Siedlungsstrukturen, sowie der Europäisierung angesprochen werden, die ebenfalls wieder Gegenstand der *„Leitbilder und Handlungsstrategien"* sein werden, die im Juni 2006 von der MKRO verabschiedet wurden. Allerdings haben sich bis zu diesem Zeitpunkt der Bezugsrahmen und die Lebensverhältnisse in Deutschland grundlegend gewandelt.

2.2 Der aktuelle Bezugsrahmen für die neuen Leitbilder der Raumentwicklung

Wo noch für den ORA 1993 die erst kürzlich eingetretene Wende in Deutschland und die damit verbundene Angleichung der Verhältnisse in West- und Ostdeutschland sowie die Eröffnung neuer Beziehungen in Europa die wesentlichste Rolle spielten, so sind es jetzt vielmehr internationale Prozesse, die auf die Gestaltung der Leitbilder Einfluss nehmen. Außerdem stellt Raumordnung neben ihren „traditionellen Grundsätzen" (ARING 2005:16) Anforderungen an „das jüngere Nachhaltigkeitspostulat" (ebd.).

Dieses soll im Folgenden gemeinsam mit anderen „aktuellen Kontexte[n]" (ARING 2005:IV) der Raumordnung beschrieben werden. Sie lassen sich nach dem Beschluss der MKRO vom 30. Juni 2006 noch einmal in drei größere Tendenzen gliedern: die „neue[n] gesellschaftliche[n] Herausforderungen" (BMVBS 2006a:2), den „Wandel der räumlichen Entwicklung und Raumnutzungen" (ebd.:3) sowie die „europäische Dimension der Raumentwicklungspolitik" (ebd.:5).

Diese drei Perspektiven bilden das Fundament, auf welchem die Leitbilder aufbauen.

2.2.1 Neue gesellschaftliche Herausforderungen

Die neuen gesellschaftlichen Herausforderungen sind wesentlich determiniert durch den Aspekt der Globalisierung, des demographischen Wandels und der verstärkten europäischen Integration.

Ersteres beschreibt die Entwicklung der vormaligen „Volkswirtschaften zu einer ‚Weltwirtschaft'" (ARING 2005:1). Die Wirtschaft orientiert sich an globalen Trends und Maßstäben. So kommt es zu einer Intensivierung und Verlagerung des Marktwettbewerbs, der nicht mehr vorwiegend auf die Standorte innerhalb der Grenzen ausgerichtet, sondern auf eine internationale Ebene vorgedrungen ist. Unternehmen weiten sich aus und bauen internationale Betriebsstandorte auf.

Am Beispiel des „Activators" der Firma Braun kann dies wie folgt verdeutlicht werden: „Tschechien, China, Schweden, Marokko, Irland [...] die ganze Welt [wird] gebraucht [...], um einen deutschen Rasierer zu bauen" (WILLKE & SUßEBACH 2005:15). So heißt es in einem Dossier der Wochenzeitschrift Die Zeit, wo Globalisierung im Sinne einer „Treibjagd" (ebd.) beschrieben wird, die so unübersichtlich geworden ist, dass sich ein Einzelner nicht mehr zurechtfindet" (ebd.). Es entstehen internationale Netzwerke von Unternehmen - mit Mutter- und Tochterkonzernen sowie Fertigungsbetrieben, die ihre Standpunkte über die ganze Welt verteilt finden - orientiert an der weltweiten Nachfrage. (Siehe dazu auch Abb.1 – Seite 6)

Diese zeigt sich nicht nur im Bereich von „Waren-, Dienstleistung- [sic!] und Informationsmärkten" (ARING 2005:1) sondern ebenfalls „auf den Märkten der Produktionsfaktoren Kapital, Arbeit und Wissen" (ebd.). In diesem Zusammenhang ist ebenfalls das Phänomen des Brain-Drain zu erwähnen, der „Abwanderung von wissenschaftlich ausgebildeten, hochqualifizierten Fachkräften" (KNOX & MARSTON 2001:149), die im internationalen offenen Weltmarkt „Wissen und

Innovationspotential" (KNOX & MARSTON 2001:149) weitertragen. Im Sinne der Globalisierung existieren solche Wissensströme ebenfalls zwischen Betrieben, die ihre Standorte internationalisiert und ausgeweitet haben (Brain exchange) (ebd.).

Somit erklärt sich auch, warum eine Anknüpfung der deutschen Politik an die der gesamten EU wichtig und von Vorteil ist. Natürlich spielen auch andere Bedingungen, neben dem Austausch von Arbeitskräften und Wissenspotentialen, für die Europäische Integration eine wesentliche Rolle. Man bedenke beispielsweise die Währungsunion als Zeichen der Zusammenarbeit zwischen den europäischen Staaten und den daraus entstehenden Nutzen für die deutsche Wirtschaft. Auch gilt es „bestehende geographische und infrastrukturelle Lagevorteile zu erkennen und zu nutzen" (BMVBS 2006a:2).

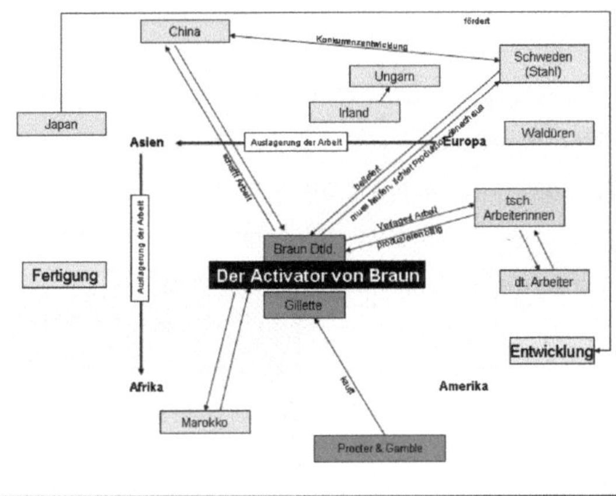

Abb. 1: Das Netzwerk des Activators von Braun. Diese Graphik wurde einzig auf Grundlage des „Die Zeit"-Artikels „Operation Lohndrücken" erstellt und zeigt die globalen Beziehungen des deutschen Konzerns.

Der zweite wesentliche Aspekt ist jener, der in den nächsten Jahren und Jahrzehnten ein „Nebeneinander von wachsenden und schrumpfenden Regionen und Städten" (ARING 2005:3) hervorrufen wird - der demographische Wandel. Er ist verbunden mit einem Anstieg des durchschnittlichen Lebensalters sowie einem „Rückgang der Bevölkerungszahl" (ebd.). Ausgelöst wird dies durch die zu geringe Reproduktionsrate, bei welcher in Deutschland der erforderliche Wert von 2,1 [Kinder/Frau im gebärfähigen Alter] für eine stabile Bevölkerungszahl längst deutlich unterschritten wird. Es wird Regionen geben, wie zum Beispiel die dünner besiedelten Gebiete im Nordosten Deutschlands, welche im Laufe der Jahre überaltern und immer mehr an

Bevölkerung verlieren werden. Auf der anderen Seite stehen Regionen, die einem beständigen Zustrom an Bevölkerung ausgesetzt sind (ARING 2005:3). Dieser Zustrom wird ebenfalls international geprägt sein, jedoch kann der Bevölkerungsrückgang auch durch „Zuwanderung nicht länger kompensiert werden" (ebd.). Die Folgen dieser Entwicklung werden sich vor allem im Bereich der Daseinsvorsorge, in den sozialen Bedingungen des Umfelds der Menschen widerspiegeln. Diese Fakten, die hier im Bezug auf Deutschland beschrieben wurden, stehen in ähnlicher Weise auch für Europa beziehungsweise für die EU.

Globalisierung (auch Europäisierung) und der demographische Wandel haben Auswirkungen auf Gesellschaft, Wirtschaft und die Politik und müssen auch in den raumordnerischen Planungen bedacht werden.

2.2.2   Wandel der räumlichen Entwicklung und Raumnutzungen

‚Nachhaltigkeit' ist eines der wesentlichen Stichworte des letzten Jahrzehntes. Es ist ebenfalls in der Raumentwicklung von erheblicher Bedeutung, da diese „die sozialen und wirtschaftlichen Ansprüche an den Raum mit seinen ökologischen Funktionen in Einklang bringt und zu einer dauerhaften, großräumig ausgewogenen Ordnung im Sinne des Ziels gleichwertiger Lebensverhältnisse führt" (ARING 2005:3) Allerdings bedarf dies „einer wechselnden zeitlichen und räumlichen Prioritätensetzung" (ebd.:16). Dabei ist von besonderer Bedeutsamkeit, die Ressourcen, die ein Standort aufweist, schonend und doch effektiv zu nutzen, sodass auch in späterer Zeit noch davon gezehrt werden kann. (BMVBS 2006a:4)

Die Gleichwertigkeit der Lebensverhältnisse, die als Ziel in Augenschein genommen wird, muss aus regional verschiedener Perspektive betrachtet werden. Die einzelnen Regionen sollen trotz dieses Postulates vielfältig bleiben und nicht an Individualität verlieren. Im vergangenen Jahrzehnt wurde im Besonderen daran gearbeitet, die Verhältnisse zwischen den zwei ehemals getrennten deutschen Staaten anzugleichen. Dies ist auf vielfältige Weise schon recht gut gelungen: Es wurden Infrastruktur und Siedlungsstruktur ausgebaut - vor allem in den Gebieten der ehemaligen DDR - sowie Teilregionen finanziell gefördert. Trotzdem bleiben immer noch Bereiche, in denen eine Angleichung der Lebensverhältnisse noch nicht erfolgt ist und an der weiterhin gearbeitet werden muss.

Das Gleichwertigkeitspostulat ist somit nicht gleichzusetzen mit völliger Identität der Lebensverhältnisse. (BMVBS 2006a:3). Vielmehr ist es im Sinne der „Gewährleitung des Zugangs zu Leistungen und Einrichtungen der Daseinsvorsorge und zu Erwerbsmöglichkeiten" (ebd.) zu verstehen. Gerade im Bereich des Arbeitsmarktes müssen in den nächsten Jahren noch erhebliche Fortschritte erzielt werden, da jener wiederum wesentliche Auswirkungen auf die demographische Entwicklung offenbart und somit auch entscheidend die Raumentwicklung beeinflusst. Menschen, die über eine gewisse Dauer in einer Region keine Arbeit finden, werden mit hoher Wahrscheinlichkeit nach einer Erwerbsmöglichkeit in anderen Regionen suchen. Die Bevölkerungszahlen werden sich dementsprechend verändern und mit ihnen die Siedlungsstrukturen. Aus diesem Grund wurde beispielsweise das System der Metropolregionen überarbeitet und die sieben 1990 von der MKRO ausgewiesenen europäischen Metropolregionen im Jahre 2005 auf 11 erweitert (ebd.:4). Des Weiteren ist für die deutsche Raumentwicklung vor allem die Existenz von Wachstumsmotoren in verschieden Regionen des Bundesgebietes von Bedeutung, da diese Regionen die Arbeitskräfte bündeln, Arbeitsplätze und damit auch die Erhaltung der Daseinsgrundfunktionen sichern. Diese basieren ihrerseits auf verschiedenen Parametern, z.B. dem Ausbau der Infrastruktur oder der regionalen Wirtschaftsstruktur.

Gleichwertigkeit der Lebensverhältnisse heißt somit auch „Standards an Infrastrukturausstattung und Umweltqualitäten" zu finden, die in allen Regionen umgesetzt werden können.

Für die Umsetzung des „Postulat[es] der Gleichwertigkeit der Lebensbedingungen" (ARING 2005:36) ist unter anderem auch die „Theorie der Zentralen Orte" von Walther Christaller grundlegend, da sie die Bedingungen der Verflechtungen von zentralen Orten beschreibt. Es handelt sich um ein Konzept, das in den 30er Jahren des 19. Jahrhunderts entwickelt wurde und welches in Deutschland vorwiegend empirisch umgesetzt wurde (KNOX & MARSTON 2004:510). Es beschreibt, wie „die relative Größe und die räumliche Anordnung von Städten als eine Funktion des Versorgungsverhaltens zu erklären" (ebd.:509) sei. Dabei spielt vor allem der Faktor der Reichweite eine Rolle. Man bezeichnet als äußere Reichweite die „maximale Distanz, die eine Kunde oder Klient unter normalen Umständen in Kauf nimmt, um eine Ware zu erwerben [...]" (ebd.:510) und als innere Reichweite jenes „Gebiet um einen Zentralen Ort, in dem gerade so viele Konsumenten leben, wie für ein rentables Angebot [...] erforderlich sind" (ebd.)

Dabei bleibt allerdings zu bedenken, dass in der heutigen Zeit viele Waren nicht mehr persönlich im Geschäft erworben werden, sondern im Internet über den Ladentisch gehen. Somit weiten sich automatisch die äußeren Reichweiten aus, da Produkte aus der ganzen Welt sprichwörtlich zum Greifen nah erscheinen. Die Theorie muss deshalb in der heutigen Zeit von einem anderen Standpunkt aus betrachtet werden, da sich die Referenzen verschoben haben. Ferner muss auch die gesteigerte Mobilität der Bevölkerung und „die Modernisierung sowie der weitere Ausbau [...] der Verkehrsinfrastruktur" (BMVBS 2006a:4) bedacht werden, die sich ebenfalls auf die Reichweiten und die Erreichbarkeitsverhältnisse der Zentren auswirken (ARING 2005:18). Zudem muss der Bevölkerungsrückgang berücksichtigt und mit ihm „die Zahl der Zentren und ihre Klassifizierung [...] in eine angemessene Relation [...] gebracht werden" (ebd.:17), damit diese Theorie in der heutigen Zeit noch Anwendung finden kann.

2.2.3   Europäische Dimension der Raumentwicklungspolitik

Den dritten großem Bezugsrahmen für die neuen Leitbilder bildet die „Europäische Dimension" (BMVBS 2006a:5). Seit „den großen Integrationsschritten" (ARING 2005:11), die sich kennzeichnen durch die EU-Erweiterung von 15 auf 25 Staaten und die Währungsreform, die in 12 der europäischen Staaten durchgeführt wurde und in weiteren Staaten noch in Vorbereitung ist, ist Europa noch ein Stück mehr zusammengewachsen und durchaus auch vielfältiger geworden (ebd.:11).

Europas Gliederung weist eine dreiteilige Struktur auf, in der sich ein Zentralraum und ein Peripherraum auszeichnen, welche über einen sogenannten Zwischenraum Verbindung finden (ebd.). Deutschland nutzt seine „Lage im Herzen von Europa" (BMVBS 2006a:5) und somit im Zentralraum der „Blauen Banane", in dem es sich als aktiver Gestalter in die europäische Raumentwicklungspolitik mit einbringt (ebd.).

Es wurden Konzepte entwickelt, wie die „Territoriale Agenda" (ebd.:6; eigene Hervorhbg.), die dazu beiträgt, die Raumentwicklung in Europa an einigen gemeinsamen Zielsetzungen zu orientieren. Solche sind die „Vernetzung von Metropolregionen und städtischen Zentren untereinander" (ebd.), die „Förderung von

Partnerschaften zwischen Stadt und Land" (BMVBS 2006a:6.), der „Aufbau transnationale Cluster von Innovationsregionen" (ebd.), der „Ausbau und [die; J.K.] Gestaltung transeuropäischer Korridore" (ebd.), sowie die „Vermeidung naturbedingter Entwicklungskrisen in Küsten und Flussgebieten" (ebd.) und eine „bessere Profilierung ökologisch bzw. kulturell wertvoller Gebiete" (ebd.).

Zu letzteren zählen beispielsweise auch transnationale Kooperationsräume wie Nordsee, Ostsee und unter anderen der Alpenraum, in denen eine europäische Zusammenarbeit angestrebt ist (ebd.:5).

3   DIE NEUEN LEITBILDER DER RAUMENTWICKLUNG

Aus all jenen Grundvoraussetzungen und Entwicklungsbedingungen wurden nun drei Leitbilder abgeleitet, die für die Raumentwicklung in den kommenden Jahren als „Arbeitsschwerpunkt und Handlungsansätze" (ARING 2005:23), nicht aber als „verbindliche planerische Festlegungen" (ebd.) maßgeblich sein sollen:

> „Wachstum und Innovation" (BVMBS 2006a:1),
>
> „Daseinsvorsorge sichern" (ebd.) sowie
>
> „Ressourcen bewahren, Kulturlandschaften gestalten" (ebd.).

Sie wurden auf der Ministerkonferenz für Raumordnung im Juni 2006 verabschiedet und sind „gleichermaßen [an; J.K.] Zentren und Verdichtungsräume, Zwischenräume wie auch [an; J.K.] ländlich geprägte und periphere Räume [adressier[t]]" (ARING 2005:23).

3. 1   Leitbild 1: „Wachstum und Innovation"

Im Leitbild Wachstum und Innovation soll es darum gehen, „wie wirtschaftliches Wachstum in Deutschland zu fördern" (ebd.:22) ist und wie regionale und überregionale „Stärken zu stärken" (BMVBS 2006a:8) sind.

Dazu ist es nötig, alle Teilbereiche der wirtschaftlichen Siedlungsstrukturen aufzugreifen: Sowohl Zentren und Metropolräume, Zwischenräume mit dynamischer Wachstumsfunktion als auch periphere Räume sind für das wirtschaftliche Wachstum in seiner Gesamtheit ausschlaggebend. In allen Bereichen müssen modernere Entwicklungskonzepte angestrebt werden, die jedoch regional differenzieren.

In den Regionen Berlin-Brandenburg, München, Frankfurt/Rhein-Main oder unter anderen auch im Halle/Leipzig-Sachsendreieck (ebd.:10) „bündeln sich europäisch und global bedeutsame Steuerungs- und Kontrollfunktionen, Innovations- und Wettbewerbsfunktionen [sowie; J.K.] Gateway und Symbolfunktionen" (ebd.) Es handelt sich um Metropolregionen mit deren Verflechtungsgebieten, die im besonderen Maße auf die internationale Wirtschaft Einfluss nehmen können, da sich dort „politische und ökonomische Schaltstellen" (ebd.), „Finanz- und

Informationsströme" (BMVBS 2006a:10) sowie „Wissens- und Forschungseinrichtungen" (ebd.) konzentrieren. Diese Regionen sind, was den Bereich der Verkehrsinfrastruktur betrifft sehr gut ausgestattet und können vielfältige Anbindungen an andere Regionen (auch transnationale Anbindungen) vorweisen (ebd.).

In den nächsten Jahren wird hier die Aufgabe bestehen, internationale Netze auf- und auszubauen und auch Verbindungen in die neuen EU-Staaten, d.h. tendenziell in die Richtung der osteuropäischen Staaten zu festigen. (ebd.)

Als Beispiel wäre der Bundesautobahnbau der A17 zu nennen, der eine Verbindung schafft zwischen der sächsischen Landeshauptstadt, Dresden, und der tschechischen Hauptstadt, Prag. Diese Verbindung ist momentan, von deutscher Seite aus betrachtet, bis in die Grenzregion im Raum Pirna bei Dresden fertiggestellt und soll in wenigen Jahren eine feste internationale Verkehrsanbindung darstellen, die den wirtschaftlichen Zusammenhalt mit der Tschechischen Republik und deren Integration in die europäischen Wirtschaftsräume fördern soll.

Die dynamischen Wachstumsräume tragen ebenfalls im hohen Maße „zum gesamtwirtschaftlichen Wachstum und zur Wettbewerbsfähigkeit" (ebd.:11) bei, in dem sie die Metropolregionen funktional unterstützen und oftmals brückenbildend wirken zwischen Zentren und Metropolregionen sowie peripheren Regionen, die einer wirtschaftlichen Unterstützung bedürfen.

Dynamischen Wachstumsräumen ist ebenfalls die Notwendigkeit gegeben, eine wirtschaftliche Unterstützung zu erfahren, da sie sich vielfach als „Innovationszentren und spezialisierte Technologiestandorte" (ebd.) ausweisen und als solche „wichtige Entwicklungs- und Versorgungsfunktionen für ihre Verflechtungsbereiche übernehmen" (ebd.:12) können.

Als regionaler Wirtschaftsmotor zeichnet sich im Thüringischen Bundesgebiet die Region Eisenach aus, die sich als Standort der Opel Eisenach GmbH etabliert hat und in welcher zahlreiche Arbeitsplätze geschaffen wurden. Diese dort ansässige Automobilindustrie speist sich nicht allein aus dem Opel-Werk, sondern ebenfalls aus der Existenz von verschiedenen Zulieferbetrieben in der Region. Außerdem offenbart sie Auswirkungen auf verschiedene andere Industriezweige, viele kleinere selbstständige Unternehmen beispielsweise im Bereich des Recyclings bzw. im Bereich des Umweltschutzes, vor allem aber auf die Logistikbranche.

Schließlich müssen ebenfalls jene Räume ins Zentrum der Betrachtungen gerückt werden, die einen hohen „Stabilisierungsbedarf" (BMVBS 2006a:12) aufweisen. Dabei handelt es sich zumeist um eher periphere, ländliche Regionen, in denen keine ertragbringenden industriellen Wirtschaften vorhanden sind, bzw. um jene Regionen, deren Wirtschaftlichkeit im Laufe der Jahre an Bedeutung verloren hat.

Oftmals finden sich solche Regionen auch „in grenznahen Lagen" (ebd.) wie z.B. das Oberlausitzer und Niederschlesische Gebiet an der Grenze zu Polen, wo relativ „schlechte Erreichbarkeit" (ebd.) und „unzureichende Beschäftigungsmöglichkeiten" (ebd.) den Wirtschaftsstandort charakterisieren. Solche Regionen bedürfen der Unterstützung und vor allem der Anknüpfung an Metropolregionen, da sonst „hohe Arbeitslosigkeit, Mangel an Perspektive und Abwanderung sich gegenseitig verstärken" können (ebd.) und der Region „die Gefahr einer Abwärtsspirale" (ebd.) droht.

Aus diesem Grund werden in jenen Regionen Projekte angestrebt, die dem Standort wieder zu mehr Attraktivität verhelfen wollen - sowohl als Lebensraum für die Bewohner als auch als wirtschaftlicher Standort.

Eines dieser Konzepte ist LEADER+. Es „zielt auf eine nachhaltige Stärkung und Entwicklung des ländlichen Raumes als attraktiven Lebens-, Arbeit- und Erholungsraum für die Bewohner" (LEADER+ MANAGEMENT 2004:2). Am Programm von Leader+ des ländlichen Raumes der Oberlausitzer Heide- und Teichland kann man die Entwicklungsstrategie für Räume mit Stabilisierungsbedarf im Sinne des raumordnerischen Leitbildes „Wachstum und Innovation" recht gut nachvollziehen. Als Ziel wird die „Inwertsetzung des natürlichen und kulturellen Potenzials" (ebd.:8) ausgewiesen, in dem man versucht, eine „Wirtschaft mit gutem Branchenmix" (ebd.) zu etablieren, zu der unter anderem auch der Tourismus als ein Wirtschaftsfaktor zählt.

Die Entwicklungsziele sind klar definiert: Es geht, neben vielen anderen Schwerpunkten, um die „Ansiedlung höherwertiger Dienstleistungen" (ebd.:9), „wirtschaftliche Nutzung natürlicher Ressourcen" (ebd.), „Produktion und Vermarktung von [regionalen; J.K.] Spezialitäten" (ebd.), den „Ausbau touristischer Themenangebote" (ebd.), die „Entwicklung ländlicher Infrastruktur" (ebd.:13) sowie auch der „Betreuung der Zusammenarbeit zwischen ländlichen Gebieten" (ebd.).

Jener letzte Punkt zeigt auf, was auch im Thesenpapier der *Leitbilder und Handlungsstrategien der Raumentwicklung"* festgehalten ist: Wachstumsförderung in peripheren Räumen mit wenig Wirtschaftsangebot ist gerade über „solidarische[…] Partnerschaften" (BMVBS 2006a:12) zu Metropolräumen beziehungsweise zu anderen Räumen, wo ebenfalls ein Entwicklungsbedürfnis vorhanden ist, gut zu realisieren. „Großräumige[…] Verantwortungsgemeinschaften" (ebd.) helfen in solchen Gebieten, neue Wirtschaftstrukturen zu etablieren und zu stabilisieren.

Abschließend ist festzuhalten, dass Wachstum für die Entwicklung eines Standortes von herausragender Bedeutung ist, da es „die Voraussetzung [ist; J.K.] zur Erwirtschaftung von Wohlstand, zum Bestehen im internationalen Wettbewerb und zum Zurückgewinnen von Spielräumen für eine soziale und räumliche Ausgleichspolitik" (ARING 2005:22).

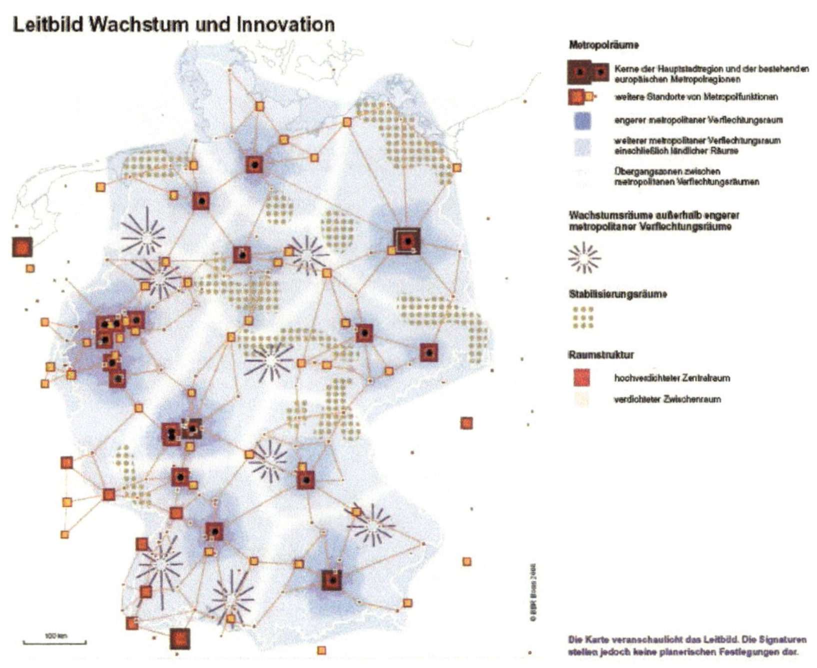

Abb. 2: Leitbildkarte 1 - Wachstum und Innovation Quelle: BMVBS 2006a:9

3.2   Leitbild 2: „Daseinsvorsorge sichern"

Für das Leitbild „Daseinsvorsorge sichern" (BMVBS 2006a:14) ist das bereits im Punkt 2 veranschaulichte Problem der demographischen Entwicklung ausschlaggebend.

In den letzten Jahren hat sich die Altersstruktur der Bevölkerung stark dahin verändert, dass in einigen Regionen vorwiegend ältere Menschen leben, andere Regionen wiederum durch einen Zustrom an Erwerbstätigen bzw. –suchenden (besonders im jüngeren Alter) charakterisiert sind.

Dies stellt eine neue Herausforderung an die raumordnerischen Planungen: Es müssen Wege gefunden werden, wie in allen Regionen, die Daseinsgrundfunktionen und die Lebensqualität gesichert werden kann. Dazu gilt es insbesondere, sich auf die zunehmend alternde Bevölkerung einzustellen sowie im gleichen Zug auch „familien- und kinderfreundliche Rahmenbedingungen" (ebd.) anzustreben (ebd.).

Um dies zu verdeutlichen, wäre ein örtliches bzw. innerstädtisches Beispiel sinnvoll:

Für die ältere Bevölkerungsgruppe wurden in den letzten Jahren einige attraktive Angebote und bessere Standards geschaffen. „Betreutes Wohnen" ist beispielsweise eine Initiative, die inzwischen in nahezu jeder Stadt umgesetzt wird. Dazu werden speziell für ältere Menschen Wohnungen errichtet, wo diese medizinische und pflegerische Betreuung bekommen. Auch werden normale Wohnungsblöcke saniert und umstrukturiert: Dies betrifft den Einbau von Fahrstühlen oder die altersgerechte Ausstattung von Bädern. Ferner sind eine Vielzahl kleineren Dienstleistungsgesellschaften gegründet worden, die ältere Menschen in ihrem täglichen Leben unterstützen: Pflegedienste, Essen auf Rädern bzw. verschiedene Servicedienste, die bei der Instandhaltung des Wohnraumes hilfreich sind.

Im Allgemeinen – also nicht nur für die älteren Bevölkerungsschichten – sind in diesen periphereren Regionen „mobile Dienste" (ARING 2005:38) wie Zustellservices oder Internetdienste von großer Bedeutung (ebd.), da nicht alle Dienstleistungsangebote in jenen Regionen direkt vor Ort präsent sein können.

Familien- und kinderfreundliche Lebensbedingungen werden vor allem seitens der Politik angestrebt und gefördert. So wurde z.B.: die Einrichtung von betriebseigenen Kindergärten oder Ganztagsschulen unterstützt, um den Eltern genügend Raum zu geben, auch mit Kindern weiterhin ihren Berufen nachzugehen. Des Weiteren gibt es verschiedene staatliche Förderungen wie Kindergeld, Kinderpauschale, oder die 80%-

Lohn-Regelung während des Mutterschaftsurlaubs. Das Wichtigste ist aber sicherlich, dass eine grundsätzliche finanzielle Absicherung vorhanden ist, damit sich in den nächsten Jahren mehr junge Paare dazu entschließen, Familien zu gründen. An diesem Umstand muss seitens der Arbeitsmarktpolitik weiterhin gearbeitet werden.

In diesen Aspekt der Daseinsvorsorge muss auch das „Postulat der gleichwertigen Lebensverhältnisse" miteinbezogen werden. Je nach Region und Siedlungsstruktur, ob Metropol- oder eher dünnbesiedelte Region, müssen andere Konzepte erarbeitet werden, um die Daseinsvorsorge zu sichern. In den Regionen mit vermehrtem Zulauf sollten die Entwicklungen vor allem darauf abzielen, Infrastruktur- und Umweltbelastungen gering zu halten, um auch weiterhin die Metropolregionen als attraktiven Lebensraum zu erhalten.

In den peripheren Räumen muss hingegen im Sinne der Theorie der „Zentralen-Orte nach Christaller eine „(Neu)Definition entsprechender Mindeststandards der Versorgung und der Erreichbarkeit von Versorgungseinrichtungen" (ARING 2005:33) erfolgen, da auch „die Zentren in eine angemessene Relation zu Bevölkerungsbestand" (ebd.:36) gebracht werden und deren Zahl somit tendenziell abnehmen wird. Daher ist es von Nöten, dass bessere Anbindungen an Zentren geschaffen werden, da es in den „dünnbesiedelten Räumen" (ebd.) sonst dazu kommen könnte, dass „gewohnte Versorgungsnetze nicht nur ausgedünnt werden, sondern ohne eine Anpassung der Versorgungsstrukturen ganz zerreißen" (ebd.).

Demzufolge wurde, um ein Beispiel zu nennen, im vergangenen Jahr 2005 die Bahnverbindung zwischen Chemnitz und Leipzig ausgebaut, um sie auch für den schnelleren IC-Verkehr nutzbar zu machen und somit eine schnellere Anbindung an dieses Oberzentrum zu schaffen. Ferner wird ebenfalls eine Autobahnverbindung (Verlängerung der A72) zwischen diesen beiden Städten errichtet, die in den nächsten Jahren fertig gestellt werden soll.

Wichtig ist, dass auch in den eher ländlichen, peripheren Regionen „die öffentlichen Dienstleistungsangebote im Bildungswesen, Gesundheitswesen, der öffentlichen Verwaltung und der Kommunikationsinfrastruktur erhalten bleiben" (ARING 2005:37).

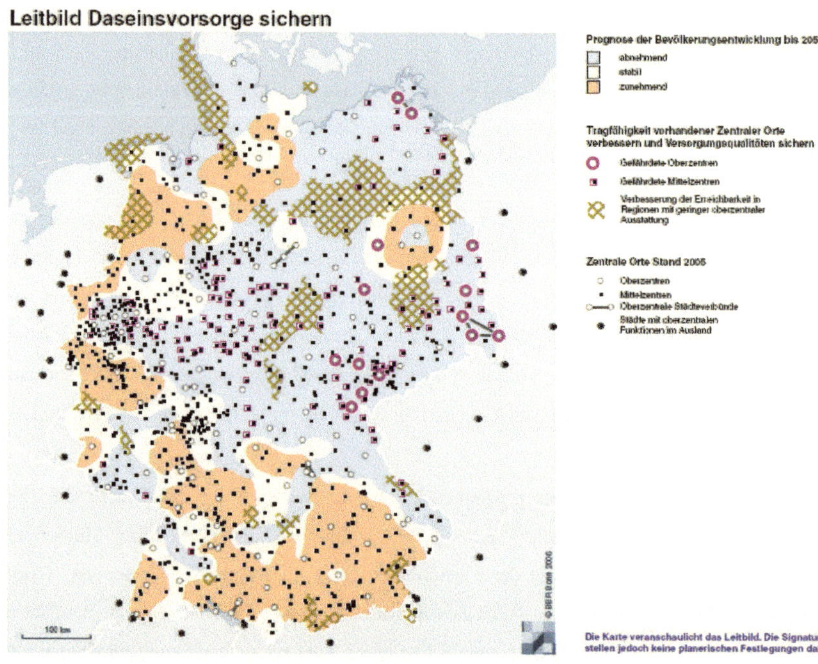

Abb. 3: Leitbild 2 Quelle: BMVBS 2006a:15.

3.3 Leitbild 3: „Ressourcen bewahren, Kulturlandschaften gestalten"

Das dritte Leitbild ist thematisch an die „Daueraufgabe der Bewältigung von Raumnutzungskonflikten" (ARING 2005:42) angelehnt. Es beschäftigt sich damit, wie Flächen und Ressourcen langfristig und nachhaltig gesichert werden können, sowie – im Gegenzug dazu – ebenfalls, wie man deren Nutzung effizienter gestalten kann. Dies alles muss unter dem Aspekt verschiedener Nutzungsansprüche betrachtet werden (ebd.).

Für dieses Leitbild existieren noch einmal drei Wesensgehalte, die den soeben genannten grundsätzlichen Zielen eine Richtung geben.

Das Erste betrifft die „Qualifizierung von Kulturlandschaften" (ebd.:43), eine Weiterentwicklung, die sowohl auf „Raumpotenzialen" (ebd.) als auch auf „Raumanforderungen" (ebd.) basiert.

Ein Beispiel für diesen Aspekt liefert die Region um Bitterfeld in Sachsen-Anhalt, in welcher noch bis zum Jahre 1989 aktiv Braunkohle gefördert wurde. Dies stellt das

Raumpotential dieser Region dar, welches sich in deren Landschaftsbild widerspiegelte und welches den Grund dafür lieferte, dass sie weder für Einwohner noch für Touristen ein attraktiver Anziehungspunkt war. Nach dem Abbaustopp hat sich die Region bis zum heutigen Tag grundlegend gewandelt: Durch aktives Raummanagement und intensive Förderung wurde ihr Image immens verbessert. So ist aus einem ehemaligen Bergbaurevier ein Erholungsort geworden, der sich nun landschaftlich von seiner schönsten Seite zeigt. Die Förderungsgebiete wurden geflutet und locken heute als See, Goitsche genannt, Besucher und Einwohner in eine Landschaft, mit der sie sich identifizieren können. Industriell betrachtet ist Bitterfeld heute nicht mehr für seine schmutzigen Bergbauhalden, sondern als wirtschaftlicher Chemiestandort bekannt. Ganz aktuell wurde als Zeichen der gelungenen Umstrukturierung der Bitterfelder Bogen eingeweiht, der als Wahrzeichen schon von weitem zu sehen ist.

Mit diesem Beispiel wird klar, dass sich nicht unbedingt „das Bild einer Landschaft [...] aus ihrer Nutzung ergibt" (ARING 2005:47), sondern dass es ebenfalls sein kann, dass „das angestrebte Landschaftsbild die Nutzungen bestimmt" (ebd.). Raumpotentiale und Raumanforderungen werden auf diese Art und Weise in Einklang gebracht.

Der zweite Wesensgehalt betrifft im Besonderen „die Nutzung der Außenwirtschaftszone" (ebd.:43) sowie „grenzüberschreitende Raumnutzungsthemen" (ebd.), bei denen es gemeinsam mit anderen Nachbarstaaten Interessen zu vertreten und Interessenskonflikte zu bewältigen gilt. Solche finden sich unter anderem im Bezug auf den Alpenraum, die deutsch-europäischen Flusssysteme oder die beiden an das deutsche Staatsgebiet angrenzenden Meere (ebd.).

Hier schließt sich ein Beispiel an, das von Florian BALLNUS 2004 in seiner Publikation „Die Küstenagenda 21 als Instrument zum Erreichen nachhaltiger Raumentwicklungen in den Küstenzonen der Ostsee" eingehend untersucht wurde:

Dabei geht es vermehrt darum, im Rahmen des Integrativen Küstenzonenmanagements IKZM, neben den Landbereichen der Küstenzonen auch die Meeresbereiche in nachhaltige raumordnerische Konzepte zu integrieren (BALLNUS 2004:9). Nutzungen liegen dabei, sowohl im touristischen und Erholungsbereich, im Bereich der Nutzung von regionalen Rohstoffen wie Gas oder Öl, der Nutzung von regenerativen Energien wie bspw. durch Strömungen, Solar oder Windkraft (im on-shore und off-shore-Bereich), als auch im Bereich des Küstenschutzes (ebd.:10). Es werden „ökologische[...] ökonomische[...] und soziale[...] Zusammenhänge in Küstenräumen

[…] erfass[t]" (BALLNUS 2004:12) und versucht zwischen „öffentlichen mit privaten Interessen" (ebd.) eine Übereinkunft zu finden, um nachhaltig im europäischen und globalen Maßstab agieren zu können.

Die „Verminderung der Flächeninanspruchnahme" (BMVBS 2006a:20) ist der dritte Wesensgehalt des Leitbildes Ressourcen bewahren, Kulturlandschaften gestalten. In diesem geht es um den „effizienten Umgang mit Siedlungsfläche" (ARING 2005:43), insbesondere der Ressource Boden, die einen bedeutsamen Bestandteil des Naturhaushaltes und globalen Wasserkreislaufes darstellt (BMVBS 2006a:20). Sie muss im Sinne der Nachhaltigkeit und der Vielfältigkeit von Räumen schonend sowohl für Ziele wie „Siedlung und Erholung" (ebd.) also auch für „wirtschaftliche und öffentliche Nutzungen" (ebd.) zur Verfügung stehen. Für diesen Aspekt sind überregionale und bereichsübergreifende Partnerschaften anzustreben.

Abb. 4: Leitbild 3 - Ressourcen bewahren, Kulturlandschaften gestalten (Quelle: BMVBS 2006a:19)

4   ZUSAMMENFASSUNG

Die Leitbilder der Raumordnung offenbaren ein Konzept, das durch seine enorme Vielseitigkeit und Komplexität gekennzeichnet ist. Es ist sehr allgemeingültig verfasst, damit es von Bund und Ländern auf die regionalen Gegebenheiten übertragen und angepasst werden kann. Daher sind im vorliegenden Text auch unterschiedliche Beispiele aus unterschiedlichen Siedlungsstrukturen gewählt worden. Sowohl die großräumliche Perspektive: der gesamte Ostsseeraum oder die Oberlausitz als auch kleinräumliche Strukturen: Bitterfeld als städtischer Entwicklungsraum oder die OPEL Eisenach GmbH als Wirtschaftsstandort wurden untersucht.

Die ausgewählten Beispiele haben gezeigt, dass die einzelnen Leitbilder nicht unabhängig von einander betrachtet werden dürfen, sondern dass alles ein ganzheitliches Konzept ergibt, in welches unzählige Faktoren hineinspielen. Besonders wichtig sind dabei die raumordnungspolitischen, gesellschaftlichen und sozialen Veränderungen, die in Deutschland im letzten Jahrzehnt stattgefunden haben und welche in vielen Bereichen schon dazu beigetragen haben, eine Angleichung der Lebensverhältnisse in Deutschland – im Sinne des Gleichwertigkeitspostulates zu erzielen. Darauf bauen die neuen Leitlinien auf und zeigen verstärkt eine Ausrichtung auf eine gemeinsame Zusammenarbeit im europäischen Kontext.

Die Leitbilder stellen nun die Aufgabe der Weiterarbeit, Konzepte und Projekte zu entwerfen, damit die Leitbilder, die viele gute Ansätze zeigen, in die Realität umgesetzt werden können. Dabei ist vor allem auf Förderungs- und Partnerprogramme zu achten, dass auch in den peripheren Räumen, in denen eine Umsetzung am dringendsten von Nöten ist, eine finanzielle Unterstützung gegeben ist. Die Regionalenwicklungspläne sowie auch Projekte wie LEADER+ bieten hierfür weitere Ansätze.

Alles in allem lässt sich sagen, dass „Raumordnung sowohl über ihre traditionellen Grundsätze als auch das jüngere Nachhaltigkeitspostulat einem breiten Spektrum an Herausforderungen verpflichtet [ist], die niemals alle gleichzeitig eingelöst werden können, sondern einer wechselnden zeitlichen und räumlichen Prioritätensetzung bedürfen" (ARING 2005:16).

Literatur

ARING, J.; BFAG (Büro für Angewandte Geographie), BBR (Bundesamt für Bauwesen und Raumordnung) & BMVBW (Bundesministerium für Verkehr, Bau- und Wohnungswesen) (Hrsg.) (2005): Leitbilder und Handlungsstrategien für die Raumentwicklung in Deutschland. Diskussionspapier. 01.09.2005 <http://bfag-aring.de/pdf-dokumente/Aring_2005_Leitbilder_Raumentwicklung_2005-09-01.pdf> (Stand: o.A.) (Zugriff: 06.08.2006).

BALLNUS, F. (2004): Die Küstenagenda 21 als Instrument zum Erreichen nachhaltiger Raumentwicklungen in den Küstenzonen der Ostsee. Hannoversche Geographische Arbeiten Band **57**. Münster/Hamburg: LIT Verlag.

BMRBS (Bundesministerium für Raumordnung, Bauwesen und Städtebau) (Hrsg.) (1993): Raumordnungspolitischer Orientierungsrahmen. Leitbild für die räumliche Entwicklung der Bundesrepublik Deutschland. BBR-Online-Publikation.
<http://195.37.164.153/infosite/download/orientierungsrahmen.pdf>
(Stand: o.A.) (Zugriff: 06.08.2006).

BMVBS (Bundesministerium für Verkehr, Bau und Stadtentwicklung) (Hrsg.) (2006a): Leitbilder und Handlungsstrategien für die Raumentwicklung in Deutschland. Verabschiedet von der Ministerkonferenz für Raumordnung am 30.06.2006. BMVBS Online-Publikation 2006.
<http://www.bmvbs.de/Anlage/original_965565/Leitbilder-und-Handlungsstrategien-fuer-die-Raumentwicklung-in-Deutschland-2006.pdf>
(Stand: o.A.) (Zugriff: 11.08.2006).

BMVBS (Bundesministerium für Verkehr, Bau und Stadtentwicklung) (Hrsg.) (2006b): Neue Leitbilder für die Raumentwicklung. Länder stimmen neuer Entwicklungsstrategie für Stadt und Land zu. BMVBS-Pressemitteilung Nr.222/2006 (30. Juni 2006).
<www.bmvbs.de/presse/pressemitteilungen-,1632.964379/luetkedaldrup-neue-leitbilder.htm> (Stand: 2006) (Zugriff: 10.08.2006).

WILLKE, S. & H. SUßEBACH (2005): OPERATION LOHNDRÜCKEN. TSCHECHIEN, CHINA, SCHWEDEN, MAROKKO, IRLAND WARUM DIE GANZE WELT GEBRAUCHT WIRD, UM EINEN DEUTSCHEN RASIEREN ZU BAUEN. IN: DIE ZEIT **2005**, 11, DOSSIER. 15 -18.

BEI GRIN MACHT SICH IHR WISSEN BEZAHLT

- Wir veröffentlichen Ihre Hausarbeit, Bachelor- und Masterarbeit

- Ihr eigenes eBook und Buch - weltweit in allen wichtigen Shops

- Verdienen Sie an jedem Verkauf

Jetzt bei www.GRIN.com hochladen und kostenlos publizieren